TRABBI

DIE LEGENDE LEBT

DDR-1989

Karsten Freund

TRABBI

DIE LEGENDE LEBT

KOMET

www.komet-verlag.de
Autor: Karsten Freund
Bildquellen: picture-alliance/ZB
Gesamtherstellung: KOMET Verlag GmbH, Köln
Produktion: FUB, Köln
Coverdesign: artwork-factory.com

ISBN 978-3-89836-702-8

Inhalt

München

Der Trabant

Die untergegangene DDR wird von keinem anderen Symbol so verkörpert wie vom Trabant. 1989, als die Mauer fiel, waren Bilder von Trabant-Schlangen an den Grenzübergängen weltweit in den Nachrichten. Wenig später kündete der qualmende Zweitakter überall auf den Straßen der „alten" Bundesrepublik von der Zeitenwende. Gleichzeitig zementierte der Wagen das Bild des rückständigen, ärmlichen Ostdeutschlands. Ein Auto aus Plastik bzw. „Plaste"? In den Ohren vieler Westeuropäer klang das wie ein Witz, und der Anblick des Gefährts überzeugte nicht unbedingt vom Gegenteil. Klein und kleinkariert, eng, dreckig, grau, altbacken, antiquiert, lächerlich – diese mit dem Trabant im Westen verbundenen Assoziationen dienten nicht gerade dazu, das, was einst als Errungenschaft der DDR gefeiert wurde, als Exportschlager zu empfehlen. Dabei hatte man in Zwickau tatsächlich gehofft, mit dem Trabant 1,1 die Wendezeit überleben zu können. Mit neuem Viertaktmotor, der als Lizenz vom VW Polo übernommen wurde, sollte der nun als Freizeit-Wagen angepriesene Trabant den Weg in die freien Märkte der kapitalistischen Welt antreten. Natürlich war es ein hoffnungsloses Unterfangen, ehemalige Audi-, VW- oder Opelfahrer im Westen zu umwerben – in Konkurrenz selbst zu den kleinsten Kleinwagen konnte der Trabant nur verlieren. Doch auch bei den Ostdeutschen konnte sich um 1990 niemand mehr erwärmen für ein Auto, das vielen längst verhasst war. Der Trabant symbolisierte auch für viele Ostler all das, was ein Großteil der DDR-Bürger 1989 schnellstmöglich hinter sich lassen wollte: eine staatlich verordnete Rückständigkeit. Das letzte Trabant-Modell, das im Mai 1990 in Serie ging, fand kaum noch Käufer, trotz aller Versuche, ihn den Gesetzen des neuen Marktes entsprechend zu positionieren – ein „Fun Car" für weniger als 10.000 DM! So geschah das unvermeidliche: mit der DDR ging auch der Trabant unter. Ein Platz in der Geschichte als Volkswagen des Ostens ist ihm sicher, auch wenn er nicht die Langlebigkeit des Käfers hatte. Es ist, als wäre er zum Symbol seines eigenen Scheiterns geworden. Geboren aus der Hoffnung, ein praktisches, robustes und erschwingliches Auto für die Massen zu schaffen und gescheitert an den politischen und wirtschaftlichen Verhältnissen der DDR, die sein Überleben unmöglich machten.

Das letzte Kapitel in der Geschichte des Trabants begann mit dem jähen Abflauen der Wendeeuphorie in den Neunziger Jahren. Waren mit dem Fall der Mauer plötzlich alle DDR-Produkte in den Augen der Ost-Konsumenten zweitklassig, so begann man wenige Jahre später damit, die eigene Ost-Identität neu zu betrachten und zu bewerten. Der Blick auf die eigene Geschichte wurde milder. Plötzlich waren Ost-Produkte im Supermarkt durch besondere Hinweisschilder gekennzeichnet, um dem Konsumenten ein „Ost-kauft-Ost"-Gefühl zu entlocken, und neue Produkte mit dezidierter Ost-Identität sollten die geschundene Ost-Seele stärken. Dieses neue Selbstbewusstsein machte auch vor der viel geschmähten ‚Rennpappe' aus Zwickau nicht halt. Plötzlich stand das S-Signet auf dem Kühler nicht mehr für „Schande", sondern wieder für „Sachsenring", und der Trabi erschien plötzlich als natürliches Symbol der Ost-Identität – zumindest, was die Vergangenheit betraf. Und so wurde aus dem Hassobjekt ein gehegtes und gepflegtes Kultobjekt. Was früher als mickrig galt, war jetzt niedlich, und nun gehörtes es zum guten Ton, die Robustheit und einfache Wartung des 601er-Modells zu loben. Trabi-Vereine und Clubs schossen wie Pilze aus dem Boden. Und späte, unerwartete Genugtuung erfuhr das Automobil Marke Trabant im Jahr 1997. Mercedes-Benz, Symbol der Oberklasse aller Westautos und damit am entgegengesetzten Ende des Qualitäts- und Prestigespektrums verortet, dieser Mercedes-Benz also scheiterte mit seinem A-Klasse Modell am seither sprichwörtlichen Elchtest. An sich schon ein Schock für die Automobilwelt, doch das

Die Auto-„Ikonen“ zweier Staaten stehen in Eintracht nebeneinander

Seite 6: Schlichtes Innenleben –
Minimalismus Marke DDR

1997 schickte die Thüringer Allgemeine Zeitung den Trabant zum Elchtest. Prüfung souverän bestanden!

dicke Ende sollte noch kommen: die Thüringer Allgemeine Zeitung schickte den Trabant zum Elchtest und siehe da – das Qualitätsprodukt aus Zwickau bestand den Test. Vermutlich fuhr der Trabant einfach unter dem Elch durch, aber darüber schwieg sich die Zeitung aus.

Mittlerweile ist er also geläutert – sowohl als Symbol ostdeutschen Alltagslebens wie als robustes Produkt einer sächsischen Traditionsfabrik. Und sein Einzug in die Pop-Kultur ist kaum zu übersehen. Touristen-Nippes in Ostdeutschland kommt mittlerweile nicht mehr aus ohne Miniatur-Trabants, Trabbi-Auflkeber, Trabbi-T-Shirt, Trabbi-Mousepad, und so weiter und so fort, sogar aufs Cover einer CD der irischen Rockgruppe U2 hat er es geschafft („Achtung Baby"). Dennoch: die Mehrheit auch der ostdeutschen Autofahrer würde sich beim Kauf eines Neuwagens wohl gegen den Trabant entscheiden, würde er noch produziert. Als Auto gescheitert, als Symbol umso erfolgreicher.

Vorgeschichte der Horch-Werke

Der Trabant ist das Produkt einer Produktionsstätte deren Tradition bis in die Kaiserzeit zurückreicht, also in die Anfangszeit der Automobilindustrie. Zwar schreibt man die „Erfindung“ des Automobils und die erste Serienproduktion Daimler, Benz und Maybach zu, doch als August Horch 1899 seine Automobilfabrik „A. Horch & Cie.“ In Köln gründet, gehört er damit dennoch zu den Gründervätern der Automobilindustrie. 1868 als Sohn einer Handwerkerfamilie geboren und als Maschinenbauingenieur ausgebildet, wandte sich früh der neuen Erfindung zu, die den Beginn eines neuen Zeitalters einläuten sollte. Bereits 1900, ein Jahr nach Unternehmensgründung, konnte die Firma das erste eigene Automobil präsentieren. Das Geschäft florierte, die Firma musste expandieren und zog, zunächst übers Vogtland, 1904 nach Zwickau. Von Beginn an war Horch aktiv in der Weiterentwicklung der Technik. So war er der erste der deutschen Autobauer, der den Vierzylindermotor erprobte, später den Sechszylindermotor.

Nachdem Streitigkeiten zu Horchs Ausscheiden aus seiner ehemaligen Firma geführt hatten, gründete er 1909 eine neue Firma in Zwickau. Da er seinen eigenen Namen aus rechtlichen Gründen nicht für eine zweite Firma verwenden konnte, ließ er sich zu einem Kunstgriff anregen: Die Aufforderung „horch!“ (oder „hör zu!“) lautet übersetzt ins Lateinische „audi“ (von „audire“). Die Automobilmarke Audi war geboren. Im Laufe der Zwanziger Jahre schied Horch aus dem direkten Geschäft aus, blieb aber im Aufsichtsrat der Firma.

Als die Weltwirtschaftskrise auch der deutschen Automobilindustrie zu schaffen machte, sahen sich zahlreiche Firmen gezwungen, durch Fusionen ihr Überleben zu sichern. Zwischen 1928 und 1932 wurde so aus Audi, DKW, Horch und Wanderer die Auto Union, finanziell unterstütz von der Sächsischen Staatsbank. Die vier Ringe, die noch heute jeden Audi markieren, symbolisieren diese vier Firmen.

Die Logos legendärer Fahrzeughersteller an historischen Automobilen im August Horch Museum in Zwickau

Der zweite Weltkrieg bedeutete auch für die Auto Union AG das Ende. Die Produktionsstätten wurden durch Bombardements zerstört und was übrig geblieben war, wurde nach Kriegsende von den Besatzungsmächten beschlagnahmt. So war auch hier der Neuaufbau mühsam.

Horch selbst trat nach Kriegsende noch einmal aktiv in Erscheinung, als die Auto Union in der amerikanischen Besatzungszone, im Bayerischen Ingolstadt neu gegründet wurde. 1951 starb er im Alter von 82 Jahren. Die Automarke Audi zählt noch heute zu den angesehensten Automarken weltweit. Der Audi-Werbeslogan „Vorsprung durch Technik“ galt auch außerhalb des deutschen Sprachraums als Wahlspruch, der von den Vorzügen deutscher Industrieprodukte kündete.

Neubeginn in der DDR

1945–1954

Der Wiederaufbau der verwüsteten Industrielandschaft Deutschlands war im Osten wie im Westen ein Kraftakt, der eine Bündelung der knappen Kapazitäten – menschlich und materiell – erforderte. Durch Stalin an der Teilnahme am Marshallplan gehindert, von den großen Zentren der Schwerindustrie in Westdeutschland abgeschnitten, sah sich die ostdeutsche Wirtschaft vor enormen Schwierigkeiten. Pragmatismus war gefordert.

Zwar begann die Herstellung von Fahrzeugen in Zwickau bereits zwei Jahre nach Kriegsende wieder, doch die wenigen verfügbaren Kapazitäten wurden ausschließlich für landwirtschaftliche Nutzfahrzeuge verwendet. So wurden hier der LKW H3 und der Traktor „Pionier" hergestellt. Es dauerte zwei weitere Jahre, bis in Zwickau der erste Nachkriegs-PKW gefertigt werden konnte.

Bereits 1949 trat von Wolfsburg aus der VW Käfer zum Siegeszug durch die ganze Welt, um das meistverkaufte Auto des Zwanzigsten Jahrhunderts zu werden, und damit gleichzeitig für Produkte „made in West Germany" zu werben. Begünstig wurde diese Entwicklung durch die Tatsache, dass der „KdF-Wagen", wie der Käfer bis 1945 hieß, bereits im Dritten Reich entwickelt wurde und die Britische Besatzung eine Demontage der Fertigungsanlagen verhindert hatte. Dieser Erfolgsgeschichte hatte die DDR freilich wenig entgegenzusetzen. Der Mangel an Rohstoffen, die für die Industrie nötig waren, machte für die Länder Osteuropas ein Gleichaufschließen mit der Wirtschaft westeuropäischer Länder unmöglich. So verlief auch die Entwicklung des 1948 gegründeten VEB Horch Automobilwerk Zwickau (unter dem Dach der IFA Vereinigung Volkseigener Fahrzeugwerke) stark verlangsamt. Zwar war man in der Staatsführung der

Der „Großvater" des Trabant: ein 1950 im ehemaligen Audi-Werk Zwickau gebauter IFA F8. Die Karosserie besteht zum Teil aus Holz

IFA

DDR bestrebt, Maßnahmen zur Eindämmung der Bevölkerungsflucht nach Westen einzuleiten. Besonders in den Aufbaujahren nach Gründung der beiden deutschen Staaten bestimmte das Gefühl, im Wettbewerb zueinander zu stehen die Politik in Ost wie West. So wurden große Wiederaufbauleistungen jeweils als Bestätigung des eigenen Wirtschafts- und Gesellschaftssystems interpretiert, etwa der Bau der Stalinallee in Ost-Berlin. Die Schaffung von Wohnraum war essentiell und wurde mit Priorität betrieben, die Entwicklung und Herstellung von Konsumgütern jedoch wurde in der DDR stets als zweitrangig betrachtet. Die allgegenwärtige Materialknappheit erschwerte die Situation zusätzlich. Dennoch war auch der DDR-Führung bewusst, dass Unzufriedenheit und Massenflucht nicht gänzlich ohne Investitionen bekämpft werden konnten. Zudem konnte man sich den Zeichen der Zeit nicht ganz verschließen – ein erschwingliches, robustes Auto für die zivile Nutzung, geeignet für die Massenproduktion, war langfristig unverzichtbar. So wie der VW Käfer das Auto für den ‚kleinen Mann' schlechthin war, so brauchte die DDR ein eigenes, ostdeutsches Modell, das als Marke erkennbar war und gleichzeitig erschwinglich, robust und uneitel.

1954 beschloss das Politbüro, die Entwicklung eines eigenen Modells in die Wege zu leiten. Dem Projekt waren allerdings von Anfang an sehr enge Grenzen gesetzt. Das größte Problem lag in der allgemeinen Materialknappheit, die besonders Metall betraf. Da Autos normalerweise zum größten Teil aus Metall bestehen, galt es nun, zu erproben, welche Bestandteile zur Not auch aus anderen, leichter zu beschaffenden Materialien gefertigt werden können, ohne die Funktionsfähigkeit des Autos zu beschränken. Dieser Gedanke war nicht neu: Bereits in der Vorkriegszeit, als Metall vordringlich der Rüstungsindustrie zugeführt werden sollte, hatte man allerlei Forschungen angestellt, wodurch Metall zu ersetzen sei, etwa beim Bau von Häusern oder von Autos. Sogar den Einsatz von Kunststoff beim Bau der Karosserie hatte man bereits in Erwägung gezogen. Als man 1954 ans Werk ging, eine Lösung des Materialsproblems zu finden, konnte man also auf eine gewisse Vorarbeit zurückgreifen. Vor 1945 waren bereits einige Prototypen des DKW unter Verwendung von gepresstem Kunststoff produziert worden, wenn auch mit erheblichen Qualitätsmängeln. Allerdings machte sich hier bereits ein grundlegendes Problem der DDR-Wirtschaft bemerkbar, das sie bis zum Mauerbau erheblich schwächte: neben den deutlich spürbaren Kriegsverlusten wanderten zahlreiche Fachkräfte in die Bundesrepublik ab. Ein nahtloses Anknüpfen an den Entwicklungs- und Forschungsstand vor 1945 war also nur bedingt möglich.

Man beschloss, Duroplast, eine Mischung aus Baumwolle und Phenolharz, einzusetzen, um den Metallverbrauch beim Bau der Karosserie so weit wie möglich zu reduzieren. Das Material selbst war in den Fünfziger Jahren allerdings in seiner industriellen Einsatzfähigkeit noch nicht ausreichend erprobt, sodass es einiges an Forschungsarbeit brauchte, bis ein erstes Resultat präsentiert werden konnte. Gerade für den Automobilbau wies Duroplast einen weiteren entscheidenden Vorteil auf: Das Material ist völlig rostfrei.

Neben der Maßgabe, so wenig Metall wie möglich zu verwenden, hatte das Präsidium des Ministerrats weitere Begrenzungen festgelegt. Das zu entwickelnde Auto sollte leicht (maximal 600 kg) sein, was durch den begrenzten Einsatz von Metall ohnehin nicht schwer umzusetzen sein würde. Es solle außerdem sparsam im Verbrauch sein (weniger als 6 Liter), geräumig (4 Sitze) und relativ schnell (80km/h). Und natürlich musste der Wagen erschwinglich sein. Bezogen auf eine geplante Jahresproduktion von 12.000 Autos sollte das Modell maximal 4.000 Mark kosten.

Montageband im Jahr 1956: der P 70

Produktion im Werk Zwickau

Modell „P70 Zwickau"

1954–1957

Der P 70, das erste serienmäßige Kunststoffauto der DDR

Das erste „eigene" Auto der DDR erblickte bereits 1954 das Licht der Welt (in den Jahren zuvor wurden lediglich einige DKW-Typen hergestellt). Gedacht war der P70 allerdings von Anfang an als Übergangslösung, bis die parallel weitergeführte Forschung u.a. zum Einsatz von Duroplast die Probleme bei der Herstellung des P70 zu lösen imstande war. Zunächst wurden 150 Exemplare hergestellt, bis das Modell in Serie ging. Neben Metall und Kunststoff setzte man auch Holz bei der Konstruktion ein. Die Duroplast-Bestandteile der Karosserie wurden auf ein stabilisierendes Holzgerippe montiert.

Zwischen 1954 und 1959 gingen etwa 30.000 Wagen vom Band. Die Herstellung des P70 hatte mit erheblichen Problemen zu kämpfen. Neben den Schwierigkeiten bei der Verarbeitung von Duroplast wurde der Herstellungsprozess verlangsamt durch eine noch mangelhaft organisierte Wirtschaft, schlecht aufeinander abgestimmte Zulieferbetriebe, sowie ungenügend ausgerüstete Fertigungsanlagen. Dennoch erwies sich der P70 als Erfolg.

Erhältlich war er in drei Karosserievarianten: als zweitürige Limousine, als zweitüriges Coupé und als dreitüriger Kombi. Die Vordersitze waren bei allen Modellen verschiebbar. Ausgestattet war der P70 mit einem vom DKW F8 übernommenen wassergekühlten Zweizylinder-Zweitakt-Motor mit Frontantrieb, dessen Leistung auf 22 PS bei 3500 U/Min. erhöht worden war. Der Hubraum maß 690 cm^3, außerdem fuhr der P70 mit unsynchronisiertem 3-Gang Getriebe. Im Gegensatz zu späteren Modellen hatte er einen 32l-Tank. Die Karosserie maß knapp 4 Meter in der Länge, anderthalb Meter in der Breite und Höhe. Bei einem Leergewicht von 800 kg konnte der P70 eine Nutzlast von 320 kg aufnehmen. Der Benzinverbrauch lag bei 7l/100 km, also deutlich über dem ursprünglich angestrebten Wert. Die Höchstgeschwindigkeit wurde mit 90 km/h angegeben. Belüftet wurde der Wagen ausschließlich durch Schiebefenster, Heizung und Windschutzscheiben-Entfrostung waren serienmäßig eingebaut. Sondermodelle waren mit einem Kunstlederdach ausgestattet, das jedoch nicht in Serie ging.

Von der Bevölkerung wurde er gut angenommen, denn Leistung und Gestaltung waren durchaus zeitgemäß, auch wenn sie bereits in den Fünfziger Jahren als zurückhaltend bis bescheiden gelten mussten. Die DDR konnte ihn sogar exportieren. Die Neue Berliner Illustrierte schrieb „Spritzige Sache mit dem neuen Audi P70 durch dick und dünn zu fahren. Der schnittigen, elastischen Duroplast-Karosserie kann man erheblich mehr zumuten als ihren Blechkolleginnen." (Heft 35/1955, Titelseite) und weiter, „geländegängig ist der P70 aus Zwickau! Steigungen, unebene Wege oder sogar Hänge (...) nimmt er spielend" (S. 4). Außerdem lobte die Zeitung die einfache Wartung des Motors, der sich ausmontieren ließ. Das gleiche Heft feierte die Duroplastkarosserie als ‚Weltpatent' eines ‚Erfinderkollektivs' der DDR – „schalldämpfend, stark wärmeisolierend und außerordentlich elastisch" (S. 5). Gelobt wird auch die Arbeit des VEB Zentrale Entwicklung und Konstruktion für den Kraftfahrzeugbau, der für die Entwicklung des Materials zuständig war. Als geradezu unzerstörbar beschreibt das Blatt den P70: „Nach Karambolagen können beschädigte Stellen herausgeschnitten und durch neue Duroplastflächen ersetzt werden. Wenn sie eingesetzt, gespachtelt und lackiert worden sind, wird keiner die Schadenstelle mehr entdecken können" (S.5). Und – nicht ganz unwichtig in politisch unsicheren Zeiten: „Da alle Teile des P 70 in der DDR hergestellt werden, sind Ersatzteilschwierigkeiten nicht zu befürchten". Auffällig ist, dass zu diesem Zeitpunkt noch von Audi die Rede ist, da der Wagen in den ehemaligen Audi-Fabriken hergestellt wurde. Die Entwicklung und Promotion einer DDR-Marke war Mitte der Fünfziger Jahre noch nicht von solcher Bedeutung, dass man dafür den eingeführten Traditionsnamen Audi aufzugeben bereit war.

In westdeutschen Zeitschriften wurde der P 70 und damit die Leistung der „sowjetzonalen Automobilindustrie" weniger euphorisch bewertet: „Weder in seiner Fahrleistung noch in seiner Ausstattung entspricht der P 70 dem hohen Standard des modernen internationalen Automobilbaus. Dessen ungeachtet aber bedeutet die Verwendung einer Kunststoffkarosserie für die Serienproduktion eines Kleinwagens eine beachtliche Pionierleistung, ganz gleichgültig, welche Erwägungen hierzu führten," so die Zeitschrift Auto Motor und Sport (Heft 21, 1955) über den „neuen Sowjetzonen-Kleinwagen".

Probleme gab es unter anderem mit der damals in Ortschaften zulässigen Höchstgeschwindigkeit von 40 km/h, für die beim P70 weder der zweite noch der dritte Gang geeignet war. Auch die als zu klein und zu schwach empfundenen Scheinwerfer (150 W) wurden bemängelt. Langfristig konnte auch die Lösung, den Kofferraum nur über den Innenraum her zugänglich zu machen, nicht genügen. Und schließlich über den Preis von 9.500,- Ost-Mark war man nicht überall begeistert, sollte doch ursprünglich gerade mal die Hälfte dieses Betrags erreicht werden. Dennoch, das Verlangen nach einem neuen Kleinwagenmodell war groß, da die vorhandenen DKW-Modelle im Allgemeinen als veraltet betrachtet wurden.

Modell P50

1957–1962

Der „P 70 Zwickau“ war von Anfang an als Übergangsmodell konzipiert für die Zeit, die vonnöten war, ein neues Modell für die Massenproduktion zu entwerfen. Während der ‚Laufzeit‘ des P 70 waren Techniker unentwegt damit beschäftigt, das Projekt P 50 zu entwickeln. 1957 war es schließlich soweit: 50 Wagen des Modells P 50 werden Fachleuten, im folgenden Jahr auf der Leipziger Messe der Öffentlichkeit präsentiert.

Die Namensgebung erfolgte, wie so oft in der DDR, mit Blick auf den großen Bruder – die Sowjetunion. 1957 hatten die Sowjets einen Punktsieg im internationalen Wettlauf der Technik erreicht, als sie den Satelliten ‚Sputnik‘ als ersten unbemannten Flugkörper ins Weltall schossen. ‚Sputnik‘ bedeutet ‚Trabant‘. Die Wahl des Namens war das Resultat einer Umfrage.

Zunächst als Ergänzung zur P-Nummer gedacht, wurde der Begriff ‚Trabant‘ schließlich zum eigentlichen Namen, ergänzt durch die Modellnummer. Das Sachsenring-‚S‘ schmückte die Kühlerhaube jedes Trabants.

Auch der Zeitpunkt der „Geburt“ des Trabants wurde mit Blick auf den großen Bruder im Osten gewählt: am 7. November 1957 ging der erste Trabant vom Band – exakt am 40. Jahrestag der „Großen Sozialistischen Oktoberrevolution“.

Der P 50 „Trabant“ bestand aus einem Stahlgerippe, auf das die Duroplast-Karosserie montiert war. Optisch war die neue Karosserie geglättet und wies weniger Rundungen auf als der P 70. Der Kühlergrill des P 70 wurde geschlossen, Fensterflächen, Kofferraum und Innenraum waren vergrößert. Die Motorhaube reichte jetzt fast bis an die Stoßstange, somit musste man nicht mehr extra den Kühlergrill abnehmen, um an den Motor zu gelangen. Neu war auch die Kofferraumklappe – nun war der Kofferraum auch von

Franz Meißner vom Zwickauer Automobilmuseum zeigt eine Rarität: ein Prototyp des P 50, der 1957 als erster Trabant in Serie ging

NH 60-00

VEB • AUTOMOBILWERK
ZWICKAU • SACHSEN

Ein gut erhaltener P 50 aus dem Jahr 1960 beim Trabi-Treffen in Anklam 2005

Seite 22: Ein P 50 aus der Nullserie von 1950

Seite 24: das Typenschild eines P 50 der Nullserie

Seite 26: Ein P 50 aus dem Jahr 1961 in der Automobilsammlung Krackow bei Penkun

VER-
HÜTET
UNFÄLLE!
Bleib weg
MIT FETT UND OEL!
Explosions gefahr!

Ein „Kugelporsche“ mit 18 PS: der Trabant 500

außen zugänglich. Den P 50 gab es in den Varianten Limousine und Kombi. Spätere Kombimodelle haben eine umklappbare Rückbank, wodurch sich die Ladekapazität erheblich vergrößern ließ. Er verfügte über einen neuen Motor, einen luftgekühlten Zweizylinder-Zweitakter, der es allerdings nur auf 18 PS bei 3750 U/min brachte (der P 70 hatte 22 PS). Der Hubraum maß 500 cm³ (vorher: 650 cm³), und aus dem 32l Tank des P 70 war ein 24l Tank geworden. Robust und leicht zu warten/reparieren sollte der Wagen sein, und der P 50 erfüllte diese Ansprüche. Die Spitzengeschwindigkeit erreichte 95 km/h, bei einem reduzierten Verbrauch von 6l. Wie bereits der P 70 kann auch der P 50 nicht zum eigentlich vorgegebenen Preis von 4.000,- auf den Markt gebracht werden. Aber mit knapp 8.400,- lag der P 50 immerhin 1.000,- unter dem Preis seines Vorgängers. Der ab 1960 erhältliche Kombi kostete 9.000,- Ost-Mark. Bei einem Eigengewicht von 620 kg war der erste Trabant auf ein Gesamtgewicht von 950 kg zugelassen. Der Viersitzer war also mit vier erwachsenen Personen völlig ausgelastet – vorausgesetzt, niemand hatte Übergewicht.

Die erste Variante des P 50 wurde bis 1959 produziert. Mit geringfügigen Veränderungen folgten bis 1962 P 50/1 und P 50/2, bzw. P500. Mit seinen 3,40 m Länge war er etwas kürzer geraten als der P 70.

Anfangs war man bestrebt, eine Dreifarbenlackierung in Lindgrün/Schwarz/Beige anzubieten, das Angebot wurde allerdings rasch wieder eingestellt. So blieb die Auswahl zwischen einer einfarbigen und einer zweifarbigen Lackierung bei zurückhaltenden Tönen mit so klingenden Bezeichnungen wie ‚Heliotrop', ‚Damastgrün' oder ,'Rosenbeige' . Im Vergleich zu ‚Urfassung' des P 50 verfügten die Varianten über

Ein Trabant 500 mit der Modellnummer P 50

einen 20 PS-Motor, das Mischverhältnis wurde von 1:25 (P 70, P 50) auf 1:33 (P 50/1, P 50/2) verbessert. Die Leistung der Lichtmaschine wurde auf 220 W verstärkt. Zu den Optischen Veränderungen zählte auch eine zeittypische Chromleiste (nur für die Limousinen-Variante). Die Modellpalette wurde um die Ausführung als Camping- und als Lieferwagen erweitert. Insgesamt wurden vom P 50 und seinen Varianten über 130.000 Exemplare hergestellt, der Höhepunkt der Produktion wurde 1961 mit knapp 40.000 Exemplaren erreicht. Fortan war der Trabant das Wunschobjekt der meisten DDR-Bürger. Trotz stetiger Produktionssteigerung konnte bis zum Untergang der DDR die Nachfrage nie zufrieden stellend befriedigt werden. Wartezeiten von bis zu 15 Jahren ab Beantragung waren besonders in späteren Jahren eher Regelfall als Ausnahme. Bestellt werden konnte bei der für den jeweiligen Wohnsitz zuständige Fachfiliale nach Ablauf des 18. Lebensjahres. Jeder Antragsteller konnte nur einen PKW bestellen und die Bestellung war nicht übertragbar. Immerhin erwies sich der Trabant insgesamt als robust und leicht zu warten, sodass der glückliche Käufer eines Neuwagens darauf hoffen konnte, lang Freude daran zu haben. Allerdings bedeutete die lange Lebens- und Nutzdauer, dass die Nachfrage nach Ersatzteilen überdurchschnittlich hoch war und beträchtliche Kapazitäten der Automobilindustrie band. Als die DDR 1990 aufgelöst wurde und ihre Bürger nun ohne Hindernisse Autos westlichen Fabrikats kaufen konnten, war jeder zweite der etwa 2 Millionen zugelassener Trabants älter als 10 Jahre.

Modell P60, Trabant 600

1962–1964

Vier Jahre nach Einführung des P 50 wurde das neue Modell vorgestellt: Trabant P 60. Zu den technischen Neuerungen zählten ein vollsynchronisiertes Getriebe (das 1962 bereits bei den letzten P 50/2 Modellen eingebaut war), die Leistung wurde auf 23 PS bei 4000 U/min leicht verbessert und die Spitzengeschwindigkeit auf 100 km/h erhöht. Der Hubraum wurde auf knapp 600 cm^3 erweitert. Auch Heizung, Lüftung und Lärmdämmung wurden verbessert.

Die Karosserie war dagegen kaum verändert worden. Weiterhin gab es die Ausführungen Limousine und den Kombi, beide zweitürig. 1963 kamen – in geringen Stückzahlen – die Varianten Lieferwagen und Camping (mit Schiebedach) dazu. Der Lieferwagen hatte nur 2 Sitze, der zusätzliche Laderaum entstand also nur durch Wegfall der Rückbank. Ansonsten war auch der Typ Lieferwagen nicht größer. Insgesamt unterschied sich der P 60 vor allem durch die Technik von seinem Vorgänger. Der optische Unterschied war hingegen äußerst gering.

Wie neu: ein P 60 im Zwickauer August-Horch-Museum

44

Modell P 601: Der für die Ewigkeit

1964–1990

Eine wirkliche Erneuerung der Karosserie ließ bis 1963 auf sich warten. Als der Trabant 601 1964 schließlich in Serie geht, konnte niemand ahnen, dass dieses Modell – von regelmäßigen Modifikationen abgesehen – die DDR bis zum Ende 1990 begleiten würde. Die Herstellung des Typs 601 wurde erst 1990 eingestellt als der 1,1 vom Band ging. Was die Sache noch schlimmer machte war der Umstand, dass sich der P 601 in technischer Hinsicht kaum vom Vorgängermodell unterschied. In einer Zeit, in der andernorts wachsender Wohlstand auch zu einer stark anwachsenden Nachfrage nach schnellen, leistungsfähigen und großen Autos führte, konnte der Trabant 601 kaum noch überzeugen. Er war nicht nur genau so klein wie die Vorgängermodelle, er bot auch nicht mehr Leistung, Komfort oder Sicherheit. Internationale Konkurrenzfähigkeit wurde für die ostdeutsche Automobilindustrie immer mehr zur Utopie. Dabei lag es nicht an mangelnden Fähigkeiten, modernere Prototypen zu entwickeln. Das Problem war, dass die zentral gelenkte Wirtschaft der DDR von der Weisung des Politbüros abhängig war. Da man dort dem Fortschritt beim zivilen Autobau keine Priorität einräumte, bedeutete dies in Zeiten von allgemeiner Mangelwirtschaft das Aus für wesentliche Neuerungen. Anstatt völlig neue Modelle herzustellen beschränkte man sich in den folgenden drei Jahrzehnten notgedrungen darauf, das immergleiche Modell mit leichten Modifikationen zu bauen. Als der 601 in Serie ging, plante man noch eine Laufzeit bis 1967.

Der Trabant in der Werkstatt. Aufgrund der gezwungenermaßen langen Betriebsdauer der meisten Fahrzeuge kam es häufig zu Überlastung der Werkstätten.

Seite 34:
Das Modell, das die DDR bis zum Mauerfall begleiten sollte: der 601, aufgenommen in Magdeburg

Der Trabant als Käfer des Ostens?

Ein Vergleich mit dem VW Käfer mag zunächst nahe liegen. Schließlich wurde auch von VW bis zur Einführung des VW Golf in den Siebziger Jahren in der Kategorie Klein- und Kompaktwagen dieses eine Modell gebaut (der Typ 3, der seit den Sechziger Jahren gebaut wurde, war im Wesentlichen eine Weiterentwicklung des Käfers). Anders als der Trabant wurde aber der Käfer regelmäßig aufgerüstet, sodass er nie veraltet wirkte. Bereits in den Sechziger Jahren hatte der VW Käfer 44 PS, ab 1970 wurde eine Variante mit 50 PS eingeführt – der Trabant fuhr zu diesem Zeitpunkt noch immer mit 24 bis 26 PS. Natürlich war auch die Marktsituation eine völlig andere. Der VW Käfer wurde von Fahrern geschätzt, die ein schlichtes, robustes, kleines und preiswertes Fahrzeug wollten. Wer größere Autos fahren wollte, dem standen unzählige Modelle anderer Hersteller zur Verfügung. Ganz anders war dagegen die Situation des Autofahrers in der DDR. Wer mit dem Trabant nicht zufrieden war, dem blieb nur der tiefe Griff in die Tasche: ein Wartburg kostete zwischen 20.000 und 30.000 Mark (Ost) – also das drei- bis vierfache von dem, was für einen Trabant bezahlt wurde. Außerdem: Mitte der Sechziger Jahre trat auch bei der Herstellung des Wartburg allgemeiner Stillstand ein. Das gleiche Modell wurde bei kleineren Veränderungen zwanzig Jahre lang gebaut.

Zunächst aber wurde die neue Karosserie des Trabant 601 positiv aufgenommen. Ihre geglättete Form wirkte zeitgemäßer als die Rundungen der Vorgängermodelle. Kleine Heckflossen waren eine gefällige Reminiszenz an den Zeitgeschmack. Nach wie vor fuhr der P 601 mit synchronisiertem Zweizylinder-Zweitaktmotor und brachte es auf 23 PS bei 3.900 U/min. 1968 wurde der 601 auf 24 PS bei 4.200 U/min aufgerüstet. Das Kraftstoffgemisch veränderte sich mit dem 601 T2, der 1974 eingeführt

MD A

Das Modell 601

wurde, von einem Kraftstoff zu Öl-Verhältnis von 1:25 (P 50, P 60) auf 1:50 (601 T2).

Spätestens bei Einführung des 601 wäre eine Umstellung auf einen Viertaktmotor vonnöten gewesen, der mittlerweile auch im sozialistischen Ausland keine Ausnahme mehr war. Als er 1990 schließlich eingeführt wurde, war es freilich längst zu spät.

Auch die neue Karosserie war nicht nennenswert größer als die alte. Lediglich durch die Erhöhung der hinteren Dachhälfte wurde etwas mehr an Komfort im Innenraum erreicht. Die Fensterflächen wurden vergrößert, was einen insgesamt etwas groszügigeren Eindruck vermittelte und darüber hinwegtäuschte, dass es im Innenraum insgesamt doch sehr eng war. 1965 wurde schließlich der Kombi „Universal“ eingeführt als Nachfolger des 600 Kombi.

In den folgenden Jahren folgten regelmäßige Änderungen am Modell 601, die jedoch die Technik nicht grundlegend veränderten oder verbesserten. So wurde 1964 Änderung an der Kupplung vorgenom-

Das Sondermodell „SPW 152 Halle“ beim Trabi-Treffen in Anklam. Das Modell war ein Nachbau eines sowjetischen Schützenpanzerwagens und wurde für die Gesellschaft für Sport und Technik gefertigt, die Wagen dieser Bauart für die vormilitärische Ausbildung nutzte

Trabant
LG SZ 86
MD-07023

Das Funktionsmodell eines Trabant aus den 1970er Jahren der Formgestalter Claus Dietel und Lutz Rudolph, das wegen der DDR-Mangelwirtschaft so nie gebaut wurde.

men, 1965 wurden Sicherheitsgurte serienmäßig eingeführt. 1966 ging die Sonderausstattung 601 S und 601 S de Luxe in Serie – das bedeutete bessere Sitze, neue Armaturen, verchromte Stoßstangen. 1967 wurde die Modellpalette um den „Kübel“ erweitert, der hauptsächlich für die NVA bestimmt. Das gleiche Modell für den zivilen Gebrauch nannte man „Tramp“, hier wurde vor allem für den Export produziert.

Die Leistung des Motors erhöhte sich 1968 auf 26 PS bei 4.200 U/min. 1970 folgte eine Verbesserung der Schalldämpfung, 1972 eine verbesserte Lichtmaschine. 1973 gab es Grund zum Feiern: der millionste Trabant ging vom Band. Im gleichen Jahr wurde der 26l-Tank eingeführt. Verbesserungen an Motor, Schalldämmung und die Einführung einer neuen Heizung sowie einer neuen Scheibenwischeranlage sollten die Käufer in der zweiten Hälfte der Siebziger Jahre bei Laune halten. Und da es nach wie vor keine Alternativen zum Trabant gab, konnte man 1978 erneut feiern: 1.500 000 Exemplare waren bisher produziert worden.

Im Trippelschritt ging es weiter Richtung Zukunft: 1980 vermeldete man Verbesserung an Bremsen und Gurten, die tatsächlich eine erhebliche Verbesserung der Sicherheit darstellten.

Das erklärte Ziel der Staatsführung, die Umweltverträglichkeit des Trabants zu verbessern, mag eher mit der erhofften Drosselung des Energieverbrauchs als mit neuem Umweltbewusstsein zu tun gehabt haben, denn Öl musste man teuer einkaufen. 1982 führte ein neuer Vergaser tatsächlich zu geringerem Verbrauch. Ebenfalls 1982 verließ der 2.000 000. Wagen das Werk in Zwickau. 1983 wurde die 12 V Batterie eingeführt (vorher: 6 V). Neue Halogenscheinwerfer brachte das Jahr 1984, Verbesserungen an Zündung, Kupplung und Motor konnte man 1985 verbuchen. Im darauf folgenden Jahr ging der 2.500.000. Trabant vom Band. Zu diesem Zeitpunkt war das aktuelle Modell ganze 22 Jahre alt! Weiterhin wurden neue Prototypen entwickelt und wieder verschrottet – sie in Serie gehen zu lassen war der Staatsführung zu teuer.

Nach Außen war man redlich bemüht, Frohsinn und Optimismus zu verbreiten. Ein Werbeprospekt aus dem Jahre 1974 ist voll des Lobes:

„Die klugen Ideen der Werktätigen finden in jedem Fahrzeug ihren Niederschlag. Ständige Weiterentwicklung sind der echte Beweis". Doch die euphorische Werbesprache konnte nicht darüber hinwegtäuschen, dass die „klugen Ideen der Werktätigen" immer öfter im Papierkorb landeten, weil das Geld zur Umsetzung nicht bewilligt wurde. So musste man Nebensächlichkeiten und Selbstverständliches als Errungenschaft darstellen: „Die gradlinige kantenfreie Instrumententafel mit einem Haltegriff für den Beifahrer bildet mit einer großräumigen Ablage eine harmonische Einheit. Die mit Kunstleder bezogene Schaumauflage der Instrumententafel ist ein Beitrag für innere Sicherheit. (...) Modern und großzügig – so präsentiert sich jedem Besucher die Hauptstadt der DDR. Modern und großzügig präsentiert sich auch als Kleinwagen der Trabant 601. Wie die DDR ist auch er international geachtet und weltweit anerkannt. Mit seiner Wendigkeit und seiner ausgeglichenen modernen Form gehört er heute in jedes Straßenbild." Notgedrungen, möchte man anfügen, denn es gab ja keine Alternative.

„Ob für den Sonntagsbummel oder für den Großstadteinkauf", so der Prospekt weiter, „der Trabant 601 bietet mit seiner reichhaltigen Innenausstattung und dem großvolumigen Kofferraum jede Möglichkeit. Mit 415 Liter Stauraum können selbst 4 Erwachsene zur ausgedehnten Urlaubsreise starten". Nur Gepäck durften sie dann nicht mitnehmen, denn das würde das zulässige Höchstgewicht des Trabants überschreiten.

„Die vielen, serienmäßig eingebauten Extras, wie zugfreie Be- und Entlüftung, Innenbeleuchtung, Ascher und Armlehnen im Fond sowie die große Hutablage lassen ihn zu dem Spitzenreiter seiner Klasse werden." Aschenbecher, Innenbeleuchtung und Hutablage als ‚Extras' zu bezeichnen war schon reichlich absurd. „Nach dem Prinzip Fahren – Tanken -Fahren wird mit dem Trabant 601 jedes gewünschte Reiseziel erreicht." Worin genau der Clou in dem ‚Prinzip Fahren – Tanken – Fahren' lag, blieb wohl der Fantasie des Lesers überlassen. „Der luftgekühlte Zweitaktmotor kennt keine Probleme" – außer denen, die ein luftgekühlter Zweitaktmotor nun einmal so mit sich bringt. Und ein Satz wie „Die variabel gestaltete Verstellbarkeit der Vordersitze ermöglicht in allen Sitzpositionen ein unbeengtes und bequemes Reisen" konnte angesichts der beengten Verhältnisse in einem voll besetzten Trabant nur zu Hohn und Spott führen.

„Der Trabant 601 universal hat alle Vorteile der Limousine. Er hat die gleiche Grundkonzeption und damit die gleiche Wendigkeit, die gleiche Bequemlichkeit und die gleiche Zuverlässigkeit" – klar, denn es handelt sich ja um das immer gleiche Modell. „Mit den Vorzügen eines Lieferwagens verbindet sich beim Trabant 601 Universal das Angenehme mit dem Nützlichen. Eine Lösung, die alle Erwartungen übertrifft" – möglicherweise übertraf der 601 die Erwartungen des Politbüros, sicherlich übertraf er nicht die Erwartungen der Bevölkerung, die dringend auf ein zeitgemäßes Auto hoffte.

Minutiös feierten die DDR-Medien jede kleinste Veränderung an der Technik des Trabants als Zeichen von Fortschritt und Modernität. Die Diskrepanz zwischen Realität und der Darstellung in den Medien konnte allerdings kaum jemandem entgehen.

In den Siebziger Jahren wurden für den 601 verschiedenen Farben eingeführt, die sich durch einen unterschiedlichen Grad an Tristesse voneinander unterschieden: Grau („Delphingrau" – man konnte ja schlecht „Mausgrau" anbieten, „Papyrusweiß"), Braun („Champagnerbeige"), Graugrün („Schilfgrün") ersetzten die fröhliche Mehrfarbigkeit der frühen Jahre. Nach einigen Jahren Betrieb taten Schmutz und Staub das Übrige, die Nuancen zwischen den Farbtönen auf ein Minimum zu reduzieren.

Stillstand in der DDR

Die Unzufriedenheit mit dem ausbleibenden technischen Fortschritt in der DDR-Automobilindustrie wurde noch gesteigert durch das katastrophale Verhältnis von Bestellungen und Auslieferungen. Zwar konnten die Produktionszahlen des Trabant bis auf ca. 145.000 Exemplare im Jahr 1987 gesteigert werden, doch dieser Zahl stand das Zehnfache an Bestellungen gegenüber. Eine weitere Steigerung der Produktion war ohne umfassende Investitionen in die Infrastruktur und Technik der herstellenden Werke nicht machbar. Vorhandene Kapazitäten wurden bis zur Belastungsgrenze genutzt, sowohl was die Technik betrifft, als auch das Plansoll der Arbeiter. Zudem erzeugte die Mangelwirtschaft regelmäßig Engpässe bei den Zulieferbetrieben. Die schlechte Qualität der veralteten und überlasteten Anlagen führte immer häufiger zu Ausfällen, die wiederum an anderen Stellen Stillstand erzeugten. All diese Umstände führten zwangsläufig dazu, dass die Stimmung in den beteiligten Betrieben immer schlechter wurde. Langfristig trug dies dazu bei, dass die Entfremdung zischen Staats- und Parteiführung und der Bevölkerung der DDR immer greifbarer wurde. Die extreme Preiserhöhung beim Wartburg 1988 führte zu breiter Empörung und war ein weiterer Faktor, der den allgemeinen Frust verstärkte.

Die DDR-Automobilindustrie und das Ausland

Spätestens seit Mitte der Siebziger Jahre wurden von Ost-Berlin aus internationale Kontakte geknüpft, um den Stillstand bei der Automobilentwicklung mit ausländischer Hilfe zu beheben. Ein deutsch-tschechoslowakisches Gemeinschaftsprojekt sollte ein völlig neues Modell entwickeln, also keinen überarbeiteten Trabant oder Wartburg. Während dieses Projekts scheiterte, begann man sich nun auch im kapitalistischen Ausland umzuschauen. Unter anderem knüpfte man Kontakte zu Renault und Citroen und VW, bei denen die verschiedensten Möglichkeiten der Zusammenarbeit erwog en wurden – vom reinen Erschließen von Exportmärkten für Ersatzteile bis zur Lizenzierung. Anfangs konnte die DDR sowohl den Trabant als auch den Wartburg erfolgreich exportieren. Neben den sozialistischen ‚Bruderstaaten', besonders Ungarn und der CSSR, belieferte man auch die Bundesrepublik, wenn auch in kleineren Stückzahlen. In dem Maße, wie die DDR-Modelle den Anschluss an die internationale Konkurrenz verloren, waren natürlich auch die für die ostdeutsche Wirtschaft so wichtigen Exportgeschäfte in Gefahr. Bei dem Handel mit Bauteilen der PKW-Industrie scheiterten die ostdeutschen Hersteller allerdings zunehmend an den hohen Qualitätsstandards, die von westlichen Autobauern erwartet wurden.

Es ist offensichtlich, dass die DDR-Führung keinen besonderen Wert mehr auf die eigene Produktion von PKW legte. Die Produktion von Fahrzeugen, die für Landwirtschaft und Militär gebraucht wurden, hatte oberste Priorität, der ‚Individualverkehr' dagegen wurde als zweitrangig betrachtet.

Es liegt nahe anzunehmen, dass man sogar bereit gewesen wäre, auf die Eigenproduktion ganz zu verzichten, wenn sich eine alternative Möglichkeit zur Versorgung der DDR mit PKW bestanden hätte. Autos ausländischer Herkunft waren durchaus auf DDR-Straßen anzutreffen, etwa Lada, Skoda oder Dacia. Aufgrund des chronischen Mangels and

Ein 601 Kombi mit DDR-Flagge

Devisen kam ein regulärer Import in großen Stückzahlen jedoch nicht in Frage. Als Alternativen boten sich also nur eine Lizenzierung und/oder Kompensationsgeschäfte.

In den Achtziger Jahren führten schließlich erfolgreiche Verhandlungen mit VW zur Lizenzierung des Polo–Motors für die Trabant-Produktion. Tatsächlich hatte man sogar erwogen, die Entwicklung eines neuen PKW-Modells mit westdeutscher Hilfe zu realisieren. Die wirtschaftlichen und politischen Beziehungen beider deutschen Staaten waren in den Achtziger Jahren deutlich verbessert worden, was nicht nur politische Gründe hatte. Die wirtschaftlichen Schwierigkeiten der DDR zwangen Ost-Berlin zu pragmatischerem Vorgehen, auch gegenüber der Bundesrepublik. Wenn man den eigenen Kollaps vermeiden wollte, war man notgedrungen auf Unterstützung von außen angewiesen. Der politische Gesichtsverlust, den man durch solche Verhandlungen mit der Bundesrepublik in den Jahrzehnten zuvor befürchtet hätte, stellte nun für die DDR nicht mehr die größte Bedrohung dar. Es war das drohende eigene Scheitern, das es zu verhindern galt. Die wirtschaftliche Annäherung wurde unterdessen vom sowjetischen Geheimdienst wachsam verfolgt.

Modell 1,1: mit Viertaktmotor gen Westen

1990–1991

Lange, zu lange, mussten die DDR-Autofahrer auf ihn warten. Als er schließlich vom Band ging, wollte ihn in der sich auflösenden DDR kaum mehr jemand haben. In diesem Dilemma offenbart sich das ganze Ausmaß von Rückständigkeit und Lähmung der ostdeutschen Wirtschaft und Industrie. Man könnte sagen, dass der Verlauf der Geschichte den Trabant überholt hat, tatsächlich aber hinkte man schon seit fast dreißig Jahren hinterher.

Bereits 1983 wurde der Beschluss gefasst zum Lizenzerwerb für VW-Motoren, die bei der Trabant-, Barkas- und Wartburg-Produktion eingesetzt werden sollten. Dass VW für den Deal mit Ost-Berlin nicht die allerneueste Technik preisgeben wollte, liegt nahe. Aber Trabant und Wartburg waren in den Achtziger Jahren so dramatisch veraltet, dass selbst eine Technik auf dem Stand der Siebziger Jahre einen beachtlichen Fortschritt bedeutete. Während das alte Gemeinschaftsprojekt DDR-CSSR fallen gelassen wurde, schloss man Verträge mit VW ab. Der Deal mit VW war kompliziert und überforderte letztlich die Kapazitäten der ostdeutschen Automobilindustrie, die sich im Gegenzug zur Lieferung von Werkzeugen und Einzelteilen für den Wolfsburger Auto-Giganten verpflichtet hatte. Nun sollte er endlich kommen: der Quantensprung. Oder wenigstens eine Modernisierung, die die Distanz zur Konkurrenz etwas verringern würde.

Äußerlich gab es Veränderungen, aber keine radikale Umgestaltung. Erneut hatte man ambitionierte Prototypen einer neuen Karosserie verworfen. Die ostdeutschen Kapazitäten waren aber so knapp, dass man immer nur eins haben konnte: neues Innenleben oder neue Karosserie. Nachdem der 601 mit neuer Karosserie aber altem Innenleben erfreute, kam es nun umgekehrt. Nachdem man alle finanzielle Kraft aufgewendet hatte, westdeutsche Technik in Lizenz zu erwerben, war für eine Erneuerung der Karosserie kein Geld mehr vorhanden.

Die Veränderungen an der Karosserie umfassten einen neu gestalteten Kühlergrill und neue Stossstangen. Nachdem man Prototypen mit einer Stahlkarosserie entwickelt und verworfen hatte, entschied man sich zumindest für eine im Ausland produzierte Motorhaube aus Blech. Auch die Heckleuchten wurden vergrößert und zusammengefasst. Die Größe der Karosserie hatte sich aber nicht verändert. Das letzte Trabant-Modell wurde in den Ausführungen Limousine, Universal (früher: Kombi), Tramp und sogar als Pick Up vorgestellt – letzteres geht allerdings nicht mehr in Serie.

Die wirklich entscheidenden Veränderungen aber wurden an der Technik vorgenommen. Das wichtigste war natürlich der neue Motor. Im Barkas-Werk in Chemnitz gebaut, brachte es der Vierzylinder-Viertaktmotor auf 40 PS bei 5300 U/min (Trabant 601: 26 PS). Der Tank wurde auf 28l Umfang vergrößert (Trabant 601: 24l). Der Hubraum maß 1043 cm^3. Der Trabant 1,1 war der erste und einzige Trabant, der mit Normalbenzin fuhr. Die Höchstgeschwindigkeit wurde mit 125 km/h angegeben, der Verbrauch lag bei 8l/100km. Bei einem Eigengewicht von 700kg konnte der 1,1 bis zu einem Gesamtgewicht von 1085kg belaste werden. Bis 1991 die Produktion eingestellt wurde, gingen knapp 40.000 Exemplare vom Band.

Angesichts des langen Stillstands hätte man erwarten können, dass der Trabant 1,1 begeistert oder zumindest wohlwollend angenommen wurde, doch die Freude über die überfälligen Verbesserungen wurden erheblich getrübt durch den neuen Preis. Ein Trabant 1,1 sollte nun 20.000 DM (Ost) kosten. Dafür wird er mit einigem Werbeaufwand präsentiert: Die gleiche Automarke, die wohl einer Mehrheit beiderseits der damaligen innerdeutschen Grenze als Symbol von Mangelwirtschaft und Piefigkeit galt, sollte zum „Fun Car"

Vor der Wende undenkbar: 1990 warten Hunderte Fahrzeuge im Rostocker Überseehafen auf Kunden. Sie sind für den Export nach Bulgarien und Jugoslawien bestimmt, doch auch dort bricht die Nachfrage ein

Katalysator
TFAHRZEUG

TRABANT
LEGENDE AUF

umgedeutet werden. „Viertakt Auftakt“ lautet die optimistische Überschrift des Werbeprospekts. „Trabant Tramp 1,1 – mit der Nase im Wind“, „Für alle Leute, die das Ausgefallene lieben“, „Darauf werden Sie fliegen – ein Fahrvergnügen, dass Ihnen die Luft wegbleibt!“, „Hand drauf – so ein lustig-freches Ergebnis deutsch-deutscher Zusammenarbeit haben Sie auf unseren Straßen noch nicht gesehen“ tönte die Werbung und regte an, mit dem Tramp auf Safari zu gehen oder zum Segeln und anderen sportlichen Freizeitvergnügen aufzubrechen, denn schließlich sollte der Trabant 1,1 der „Freizeitspaß der Neunziger Jahre“ werden.

Im Mai 1990 ging mit dem 1,1 das letzte Modell in Serie – die Grenzen sind inzwischen gefallen und die Ostdeutschen haben längst freien Zugang zu Westprodukten. Einen Monat später tritt die Währungs- und Wirtschaftsunion der DDR mit der Bundesrepublik in Kraft. Nach Einführung der westdeutschen DM kostet der Trabant um die 10.000 DM. Trotz der etwas verzweifelt anmutenden Versuche, ihn als „Fun Car“ zu verkaufen, ist der 1,1 eine Totgeburt. Nachfrage ist praktisch nicht vorhanden. Nach über dreißig Jahren als heiß ersehntem, lang erwartetem Statussymbol vieler DDR-Bürger ist ein Trabant plötzlich nichts mehr wert. Besonders bitter muss es für jene gewesen sein, die ihren seit zehn Jahren (oder mehr) erwarteten Wagen 1989 endlich abholen (und bezahlen) konnten und nun nach einigen Monaten feststellen mussten, dass er plötzlich weder als Geldanlage noch als Statussymbol funktionierte. Es sollte nicht mehr lange dauern, bis der Anblick von illegal verschrotteten Trabants an Straßenrändern alltäglich wurde.

Immerhin konnten einige Exportgeschäfte abgeschlossen werden, bis die Herstellung nach nur einem Jahr Serienproduktion eingestellt wurde. Am 30.4.91 verlässt der letzte Trabant das Werk in Zwickau.

Seite 44: Eine Totgeburt: Testfahrzeug des letzten Modells 1,1, das im Mai 1990 in Serie ging. Ein Jahr später wurde die Produktion eingestellt, die DDR existierte bereits nicht mehr

Nach drei Millionen war Schluss: am 30.4.1991 läuft der letzte Wagen vom Band – zur Feier in Pink

Das Automobilwerk Eisenach und der Wartburg

Wenn der Trabant das Modell für die Massen war, für die Arbeiter und Bauern der DDR, dann war der Wartburg sein schicker, großer Bruder. Deshalb soll seine Geschichte hier kurz angerissen werden.

Größer, leistungsfähiger, schöner war er, aber er litt an den gleichen Krankheiten wie der Trabant. Ebenso wie sein kleinerer Verwandter überlebte auch der Wartburg die DDR nur um ein Jahr.

Der Wartburg erblickte das Licht der Welt im Jahr 1956 in Werk Eisenach, das auf eine ähnlich lange Tradition zurück blicken konnte wie das Trabant-Werk in Zwickau. 1986 von Heinrich Erhardt als Fahrzeugfabrik Eisenach AG gegründet, wurde dort bereits um die Jahrhundertwende ein Wagen mit dem Namen Wartburg hergestellt. Das Werk florierte und wuchs rasch, und nachdem der Gründer und sein Sohn aufgrund von Meinungsverschiedenheiten das Unternehmen verlassen hatten, wurde der Wagen umbenannt in „Dixi“. 1928 wurde das Werk von BMW übernommen. Aus dem „Dixi“ wurde folgerichtig ein BMW-Modell. Nach dem Krieg wurde die Produktion von PKW in Eisenach wieder aufgenommen, zunächst wurden alte BMW-Modelle weiterentwickelt. Nach Verstaatlichung des Werkes veränderte man den Namen in EMW – Eisenacher Motorenwerke.

Basierend auf der Technik eines DKW-Modells aus der Kriegszeit wurde 1955 der erste eigentliche Wartburg entwickelt. 1956 begann die Serienproduktion de Wagens, der von Beginn an besser ausgestattet war als der Trabant. So fuhr das erste Modell, der Wartburg 311, bereits mit einem Dreizylinder-Zweitaktmotor, der es auf 37 bis 50 PS, je nach Modell, und einen Hubraum vom 900 cm³ brachte. Auch äußerlich unterschied er sich deutlich vom Trabant: Den über vier Meter langen Wagen gab es u.a. in den Ausführungen Limousine viertürig, Cabrio zweitürig, Coupé zweitürig und sogar als Sportwagen, ebenfalls mit zwei Türen. Die Variante Sportwagen brachte es auf eine Höchstgeschwindigkeit von 140 km/h. Die DDR hatte mit ihm sozusagen ihren eigenen Straßenkreuzer, der auch in ästhetischer Hinsicht durchaus attraktiv und zeitgemäß war. Damit ließ sich der Wagen auch erfolgreich in westliche Länder exportieren. 1965 wurde das Nachfolgemodell, der Wartburg 353 eingeführt, der ähnlich dem Trabant 601 über zwanzig Jahre lang produziert werden sollte. Anfang der Siebziger Jahre schickte man ihn sogar auf internationale Autorennen, u.a. in Monte Carlo, was in der eigenen Werbung natürlich gebührend ausgeschlachtet wurde. Doch auch der Wartburg erfuhr die gleichen Probleme, die schon dem Trabant zu schaf-

Der „Wartburg 353“ mit einem historischen Kennzeichen der DDR-Volkspolizei

fen machten: Prototypen wurden entwickelt, aber nicht produziert, weil das Geld fehlte oder nicht bewilligt wurde. Der Widerwille, die Entwicklung des Wartburgs zu fördern, war wohl auch deshalb bei Staat und Partei besonders groß, weil er als Luxusauto galt – er kostete mehr als das Doppelte des Trabant-Preises. Der redliche Arbeiter hatte Trabant zu fahren, das musste reichen. So wurde auch der Wartburg immer unzeitgemäßer, bis der Deal mit VW in den Achtziger Jahren schließlich die lang überfällige Modernisierung brachte. Der neue Wartburg, Modell 1,3, ging 1988 in Serie. Er hatte einen Vierzylinder-Viertakt-Ottomotor mit 58 PS, der von VW als Lizenz eingekauft worden war und in Chemnitz produziert wurde. Dafür wurde dem Käufer ein saftiger Preis abverlangt: rund 30.000 DM (Ost) kostete das neue Modell – ein Preis, der für nachhaltige Empörung sorgte.

Im April 1991 kam schließlich das Ende: die Produktion wurde eingestellt. Damit ging eine Tradition zu Ende, die fast ein Jahrhundert zuvor in Eisenach begründet wurde. Der Standort Eisenach bleibt der Automobilindustrie allerdings erhalten: seit 1992 werden hier nun Autos der Marke Opel gebaut.

Urlaub, Reisen, Alltag

Der Trabant und die Mobilität in der DDR

„Kennen Sie das kleinste Buch der Welt?“ – „Der DDR-Reiseatlas.“ So lautet einer der klischeehaften Witze über das Land der begrenzten Reisemöglichkeiten. Die Bewegungsfreiheit der DDR-Bürger war zwar limitiert, unkontrollierte Mobilität war in keiner Hinsicht gewünscht und stand stets unter dem Verdacht der potenziellen Republikflucht. Reisen in jeder Form unterlag starker staatlicher Steuerung und Kontrolle, Urlaub nach Zuteilungsprinzip. Wer seine Reisen weder im staatlichen Reisebüro buchen wollte, noch vom FDGB oder den Betrieben zur Erholung geschickt werden wollte, fuhr einfach selbstorganisiert in den Urlaub. Dem individuellen Reisen kam große Bedeutung zu, dabei hatte das Auto einen besonderen Stellenwert – und das war in den meisten Fällen der Trabant.

Gegen Ende der DDR, im Jahre 1988, hatte knapp ein Drittel der Inland-Urlauber seine Erholungsfahrt selbst geplant. Bei Urlauben im Ausland war es gar die Hälfte aller Reisenden, die nicht auf staatliche Stellen vertraute. Angesichts preiswerter aber oft überfüllter öffentlicher Verkehrsmittel setzte man dabei vor allem auf das Auto als Verkehrsmittel. Urlaubsziel war – neben der DDR selbst – vorwiegend das „sozialistische Ausland“, neben der âSSR und Ungarn vor allem Rumänien, Bulgarien und Polen. Als ferne Reiseziele kamen die UdSSR und Kuba hinzu. Auch wenn der Motorisierungsgrad im Vergleich mit westeuropäischen Staaten gering war, so verfügte 1988 fast jeder zweite Haushalt in der DDR über einen PKW, insgesamt gab es 3,7 Millionen PKW, davon der weitaus größte Teil in Privatbesitz. Seit Ende der siebziger Jahre wurden ausgewählte ausländische Fahrzeuge eingeführt, um die massiven Lieferschwierigkeiten beim Trabant notdürftig zu kaschieren und um das Straßenbild der DDR ein bisschen zu internationalisieren. So fuhren zwischen Mecklenburg und Sachsen 5.500 Citroen GSA, etwa 10.000 VW Golf, 10.000 Mazda 323 sowie einige Volvos und Peugeots. Auch die Flotte der Staatsoberen wurde durch Importe aufpoliert, der seit Ulbrichts Zeiten vielfach eingesetzte Tatra 603 wurde durch Volvos der 200er und 700er Reihe sowie durch den Citroen CX ersetzt, den Honecker besonders schätzte. Für den Normalbürger dagegen blieb der Trabant das Fortbewegungsmittel Nummer eins – nicht nur im Urlaub und auf Reisen.

Die individuelle Motorisierung seit den 1950er Jahren in West und Ost hing eng zusammen mit der erwachenden Reiselust. Wirtschaftlicher Aufstieg – wenn auch auf beiden Seiten der innerdeutschen Grenze in unterschiedlicher Ausprägung – weckte die Neugier an der Fremde: „Heute fahren wir mit Autos und Motorrädern, mit Motorrollern und Mopeds in den Urlaub. Die Ostsee lockt, der Thüringer Wald, der Harz, der Spreewald, die Mecklenburgischen Seen. Motorisiert in den Urlaub! Für wie viele wurde schon heute Wirklichkeit, wovon sie vor zehn oder gar fünfzehn Jahren kaum träumen konnten.“ So jubelte die Ostberliner Zeitschrift „Der Deutsche Straßenverkehr“ 1964 und pries selbstverständlich nur inländische Reiseziele an. Anstelle der motorisierten Zweiräder trat zunehmend der kleine PKW. Mit kleinen, bescheidenen Autos wie dem Goggomobil, der BMW Isetta oder dem Fiat 500 begann die Entwicklung im Westeuropa der fünfziger Jahre. In der DDR war es der Trabant, der neben Alltagsfahrten sehr schnell auch für Reisen und Urlaube genutzt wurde: Schon 1966 wurden 23% aller Inlandsurlaube in der DDR mit dem Auto absolviert, bei den Auslandsfahrten lag die Zahl sogar darüber. In West wie Ost wurde die wachsende Reiselust häufig mit preisgünstigen Campingurlauben gestillt, in der DDR bis zuletzt eine wichtige Form des individuellen Urlaubs. Zwar wurden auch die Zeltplätze zugeteilt, doch bereits 1964 machten 1,4 Millionen DDR-Bürger

Urlaub in der DDR: mit dem Dachzelt für die ganze Familie

AUTODACHZELTE
GERHARD MÜLLER
138
OPR MK 8

TYR 9-63

auf Campingplätzen Urlaub. Bis 1989 stieg die Zahl der staatlichen Zeltplätze auf 529 im gesamten Staatsgebiet. Der Trabant wurde zum Zugpferd der Campingurlauber, diverse Zelt- und Wohnanhänger wurden festgezurrt, die mangels Angebot oft Marke Eigenbau waren. Verbreitet waren die Wohnzeltanhänger des VEB Fahrzeugwerk Olbernhau, insbesondere die Modelle „Campifix Super“ (rund 3.400 Mark) und der beliebte „Klappfix“ (rund 4.500 Mark). Der kompakte Anhänger – weitere Modelle hießen „Falter“ und „Knospe“ – wurde auch als „Flachmann“ bezeichnet. Er ließ sich bequemer manövrieren als ein sperriger Wohnwagen. Klappfix und seine Brüder blieben vor allem in der DDR populär, Wohnzeltanhänger setzten sich in der Bundesrepublik hingegen nie wirklich durch. Wer mehr Geld anlegen wollte und mehr Komfort im Campingurlaub suchte, konnte bei der Firma Nagetusch (Dresden) einen Wohnwagen erstehen. Vor allem vier Typen standen zur Auswahl, „Brillant“, „Diamant“, „Exquisit“ und „Excellent“, für die jedoch bis zu 15.000 Mark hingeblättert werden mussten. Dafür stand jedoch mehr Stauraum zur Verfügung, als der knapp bemessene Trabant-Kofferraum bot. Besonders für Auslandsreisen war dies nicht unwichtig, da man reichlich (preiswerte) Verpflegung und Tauschgegenstände mitnehmen konnto. Dio hoho Idontifikation mit dom Trabant – trotz aller Mängel und Unzulänglichkeiten – mag damit nicht nur durch seine Alternativlosigkeit zu erklären sein. Vielfach verband man mit dem Gefährt einfach schöne Urlaubserinnerungen, ein Gefühl von Selbstbestimmtheit und Mobilität – beides Mangelware in der DDR.

DDR-Alltag in Leipzig

Seite 52: Straßenszene in Magdeburg

Seite 56: Vor dem Rathaus Neustrelitz

Die Wende

10.11.1989, Grenzübergang Helmstedt: Hunderttausende DDR-Bürger machen sich auf den Weg zum Kurzbesuch im Westen

Die Bilder von kilometerlangen Trabant-Schlangen an den Grenzübergängen innerhalb Deutschlands gingen um die Welt. Die DDR ist längst Geschichte, und mit ihr ‚Inventar'.

Mit der plötzlichen Reisefreiheit kam für die Ostdeutschen auch die Möglichkeit, all dem zu entgehen, was an die Jahrzehnte der Mangelwirtschaft erinnerte. Die Nachfrage nach Ostprodukten aller Art brach dramatisch ein, denn nun wollte jeder nur noch das, was es vorher bestenfalls extrem knapp bemessen in den privilegierten Delikat-Geschäften gab. Westprodukte aller Art zogen ein in die ostdeutsche Warenwelt, und kaum ein Konsument konnte sich noch erwärmen für das, was zwischen Rostock und Dresden produziert wurde. Dass Ostprodukte in westlichen Märkten außer Konkurrenz laufen würden, hatten alle erwartet. Dass aber im Osten ein so drastischer Umschwung im Konsumverhalten eintreten würde, damit hatten nur wenige gerechnet. Neben dem Wegfall staatlicher Subventionen trug dieser Faktor ebenfalls zum Kollaps der ostdeutschen Wirtschaft bei.

Eastside Gallery in Berlin: Trabant und Bruderkuss auf einem Reststück der Berliner Mauer

TRABI '89

September 1989: rund 2.500 DDR-Bürger harren in der Bundesdeutschen Botschaft in Prag aus, bis die DDR endlich ihre Ausreise genehmigt. Ihre Autos lassen sie zurück

Trabis auf der Reeperbahn: offiziell gab es in der DDR keine Sexindustrie. Nach Maueröffnung nutzten viele Hamburg-Besucher die Gelegenheit sich anzusehen, was in der DDR nicht erlaubt war

12.11.1990: ein Grenzübergang am Potsdamer Platz in Berlin wird geöffnet. Drei Tage zuvor läutete die Öffnung des ersten Grenzüberganges den Untergang der DDR ein

10.11.1989, Grenzübergang Helmstedt

Mit dem Trabbi oder zu Fuß: Tausende auf dem Weg nach West-Berlin

Freistaat
Bayern

So traf es also auch Trabant und Wartburg. Aus heutiger Sicht scheint der Versuch, dem Trabant als Kleinstwagen einen Platz auf dem gesamtdeutschen Automarkt zu erkämpfen vielleicht aussichtslos – schließlich wissen wir heute, dass es nicht funktionierte. Zu stark war das negative Image, das ihm anhing als fahrendes Symbol einer sozialistischen Diktatur. Dennoch – Smart, Lupo und Mini beweisen, dass es Bedarf an wendigen Kleinstwagen gibt, mit denen man vielleicht keine Autobahn erobern kann, wohl aber den beengten Verkehrsraum der Innenstädte. Und deshalb ist es wohl nicht ausschließlich einer sich in den Neunziger Jahren ausbreitenden Ostalgiewelle zuzuschreiben, dass heute, fünfzig Jahre nach seiner Geburt, der Blick auf den Trabant milder geworden ist.

Fünf Jahre nach Einstellung der Produktion brachte ein Zufall ein Kontingent von 444 Exemplaren noch einmal auf den Markt. Eigentlich waren sie schon verkauft an einen Abnehmer in der Türkei, dieser meldete Bankrott, und so wurden die Trabis nach Zwickau zurückgeholt. Man versuchte, aus der Not eine Tugend zu machen und bot sie als „Last Edition" zum Preis von 19.444,- DM (West) zum Kauf. Doch der Preis erwies sich als zu hoch, und so wurden sie schließlich von einer Supermarktkette für 9.999,- DM angeboten.

Zahlen: Gesamtproduktion, Betriebsdauer, Zulassungen, Verbreitung

In den 34 Jahren Trabantproduktion wurden rund 3 Millionen Fahrzeuge Hergestellt. Davon entfielen 131.435 auf das erste Modell, den P50, 107.007 auf den P60 und – bedingt durch die lange Produktionszeit – 2.774.821 auf Exemplare des Modells 601. vom letzen Modell, dem 1,1, gingen 38.122 Wagen vom Band.

Als die DDR aufgelöst wurde, lag das Durchschnittsalter der in Betrieb befindlichen Trabants bei vierzehn Jahren, seit den Siebziger Jahren hatte sich dieser Wert verdoppelt. Das zeugt einerseits von der Mangelwirtschaft, denn wer endlich einen Wagen ergattert hatte, der fuhr ihn so lange, bis er auseinander fiel. Doch andererseits zeugt die lange Betriebsdauer auch von der robusten Beschaffenheit des Wagens. Mit der in der DDR zwangsläufig verbreiteten do-it-yourself-Mentalität konnte man einiges erreichen, schließlich war der Trabant von Anfang an so konstruiert, dass er leicht zu reparieren war. Noch zehn Jahre nach der Wende fuhren über 40.000 Fahrzeuge, die älter als zwanzig Jahre waren.

Erwartungsgemäß gingen die Zulassungszahlen nach der Wiedervereinigung stark zurück. Bereits 1993 waren nicht einmal mehr eine Million Trabants zugelassen, das war rund 40% des Bestands von 1990. Im Laufe der Neunziger Jahre ging der zugelassene Bestand auf 8% zurück, das entspricht rund 170.000 Exemplaren. 2006, also fünfzehn Jahre nach Einstellung der Produktion, waren immerhin noch etwa 60.000 Fahrzeuge gemeldet.

Auch nach der Wende fanden sich die meisten Trabantfahrer natürlich in Ostdeutschland. Sachsen, das Geburts- und Herstellungsland weist hier die höchste Quote auf, Berlin die niedrigste. Interessanterweise ging der ohnehin niedrige Bestand in den westlichen Bundesländern wesentlich langsamer zurück, als dies im Osten der Fall war. Vergleicht man die Zahlen von 1998 mit denen von 2002, so fällt auf, dass sich der sächsische Bestand in dieser Zeit mehr als halbiert hat (von 106.393 auf 41.941), während er im gleichen Zeitraum in Nordrhein-Westfalen nicht einmal um ein Drittel zurückging (von 3.750 auf 2.769). Die Zahlen der anderen ‚alten' Bundesländer bestätigen dies. Der Grund liegt vermutlich darin, dass die wenigen Trabantfahrer, die es im Westen gab und gibt, dies aus tiefster Überzeugung taten, wogegen im Osten sicherlich häufiger praktische Gründe den Ausschlag gaben.

Trabi-Schlange am Grenzübergang bei Schirnding (Bayern) an der deutsch-tschechoslowakischen Grenze am 5.11.1989. Vier Tage später gibt die DDR dem Druck der Bevölkerung nach und öffnet ihre Grenzen

November 1989: Trabi-Kolonne am deutsch-tschechischen Grenzübergang bei Schirnding (Bayern) kurz vor der Öffnung der innerdeutschen Grenze

10.11.1989 am Checkpoint Charlie in Berlin: die Grenze ist offen

Seite 68:
Alltägliches Bild in den Jahren nach der Wende: ausgeschlachtete Autowracks. Der Trabant ist nichts mehr wert

30m
P

AvD
RALLYE MONTE-CARLO
Mobil 1
SPIELBANK
BAD HOMBURG
Mutter von Monte Carlo
sports watches
TAG HEUER
MARITIM
DIETER SCHMIDT
Heizungsbau Magdeburg
0391 / 5 61 52 25
106
RALLYE MONTE-CARLO
CHAMPION
BRG Z 7

Nachleben

Speedster mit Colani-Design: ein Unternehmer baute eine Limousine zum Speedster um, Luigi Colani steuerte die Motorhaube bei

Fünfzig Jahre nach seiner ‚Geburt' und bald zwei Jahrzehnte nach dem Untergang der DDR hat der Trabant, so scheint es, sein Negativ-Image abgeschüttelt. Heute sieht man ihn nicht mehr als Symbol von Mangel, Planwirtschaft und staatlich verordneter Rückständigkeit. Aus dem einst verhassten ‚Ersatzauto' ist ein gehätscheltes Liebhaberobjekt geworden. Sicher, viele würden ihn auch heute nicht als Hauptwagen kaufen, Ostalgie hin oder her. Aber irgendwie ist er zum ostdeutschen Maskottchen avanciert, so wie es manchmal scheint, als sei die DDR ist zur romantisch verklärten Anekdote verkommen. Vielleicht ist es auch der Bezug zur eigenen privaten Vergangenheit, die ihn heute für manche so liebenswert macht. Damit wäre er gewissermaßen das ostdeutsche Pendant zu Prilblumen, Blümchentapeten und orangebraunen Küchenlampen, die sich nach langen Jahren der Verbannung heute wieder höchster Wertschätzung erfreuen. Doch natürlich ist ein Auto mehr als ein Wohnaccessoire, und offensichtlich liegen die Gründe für seine Beliebtheit auch in Qualitäten, die in ihm stecken. Unprätentiöser als ein Trabant kann wohl kein Auto sein – wer ihn fährt weiß in der Regel, worauf er sich einlässt.

So erfreut sich heute ein dichtes Netzwerk aus Fanclubs, Vereinen und Trabitreffs regen Zulaufs, während Feuilletonartikel und Bücher (wie dieses) abgefasst werden, um auch im Westen der Republik

61. Rallye Monte Carlo, Bad Homburg: ein Trabant 601 R

MEXICO
NOV·9-89
DD XL 601
02
12

die Saga vom Zwickauer Zweitaktwunder zu verkünden. Gern gesehen ist der Trabant auch als Maskottchen oder Touristengag: zur WM 2006 hatte die Bundespolizei eigens einige Exemplare aktiviert – besonders die ausländischen Besucher hatten ihre helle Freude daran. Wer Berlin heute per Stadtrundfahrt erkunden möchte, kann das mit der „Trabi-Safari" tun – eine Kolonne aus quietschbunten Wagen – und auch andere Städte bieten Touristen mittlerweile dieses eigenwillige Vergnügen an. Auch die schon zu DDR-Zeiten florierende Bastellust einiger Technikbegeisterter schafft es immer wieder, Trabants zu allen Anlässen und für alle Zwecke passend umzubauen. Ob als Golfmobil, Amphibienfahrzeug (zumindest die Karosse rostet ja nicht), Stretch-Limousine, Kutsche, Rennwagen oder als Panzer – aus einem Trabant kann man mit ein bisschen Geschick, Farbe und Klebstoff einfach alles machen, so scheint es. Auch für Prominente ist es mittlerweile obligatorisch, sich irgendwann im Leben einmal im Trabant ablichten zu lassen, egal ob man Bundeskanzler oder Volksmusikant ist. Sogar die hohen Weihen der Design-Avantgarde wurde ihm zu teil: Luigi Colani, in den Sechziger und Siebziger Jahren der Mann fürs futuristische Space-Age Design, verpasste einem Trabant eine aerodynamische, schneidige Rennwagenkarosserie.

Wen wundert's, auch die Industrie für Nippes und Spielzeug hat das unverwüstliche Zwickauer Wunder für sich entdeckt. Sogar als Plüsch-Kuscheltier gibt es ihn mittlerweile. So hat sie also doch noch ein Happy End, die Geschichte des Trabants.

Seite 72: Ein zum Speedster umgebauter Wagen in Knallorange

Seite 74: Neues Leben als Touristengag: ein Stretch-Trabant der Trabbi-Safari an der Berliner Mauer

Seite 78: Ein Minol-Trabant im Zeitgeschichtlichen Forum in Leipzig

Der Trabant als Werbeträger für einen Supermarkt

NETTO
NETTO
Discounter

На Родину!
Leb wohl,
Deutschland!
LAND
Staatssicherheit
Cottbusser
elf
elf

SDP

Oben: Das Ost-Mobil-Meeting-Magdeburg, kurz OMMMA / Unten: Mit dem Cabrio zum Ausflug auf die mecklenburgische Seenplatte – ein Auto-Verleih in Göhren-Lebbin macht's möglich

Links oben: Das Sachsenring-Logo als Motorhaubenzierde

Links unten: Trabant-Denkmal in Zwickau

Seite 82:
Als Blumenkasten: auf der Werningeröder Landesgartenschau 2006

Gärtner Tulpe

Oben: Trabant auf Bayerisch: anlässlich der MDR-Sendung „Sommerfest der Volksmusik" fährt in Magdeburg ein Modell im Bayern-Look auf. Sängerduo Marianne und Michael staunen / Unten: Zur Fußball-WM 2006 wurden einige Fahrzeuge für die Polizei reaktiviert

Oben: Legende auf Rädern mit neuem Selbstbewusstsein: in Zwickau findet jährlich das internationale Trabantfahrer-Treffen statt / Unten: Aktionskünstler D-Rolf aus Halle/Saale geht mit dem Trabant auf Werbetour nach Italien

DENIM
Ford
elf
MINOL
DENIM
TECHNOGYM
DENIM
UNITED COLORS
OF BENETTON
CHAMPION
elf
B-PN 2273

David und Goliath: Trabis (26 PS) und ein Porsche Carrera GT (612 PS) auf der Teststrecke des Porschewerkes in Leipzig

Rennfahrer auf Rennpappe:
Michael Schumacher und
Ricardo Patrese

Rund 150 Fahrzeuge bilden auf dem Flugplatz von Anklam den Trabant-Schriftzug nach

Seite 90: September 1989: ein Werbeaufkleber bringt die Stimmung auf den Punkt

RZ 76-5

NIX
WIE WEG
HIER
LTU
INTERNATIONAL AIRWAYS

Das „DDR“-Zeichen an diesem Trabbi wurde am 11.09.1989 in ein „D“ umgestaltet

Wir sind
ein Volk!

I AM A
STAR
SONST NICHTS
IFA
Sa
Autom
Zwicka

chsenring
bilwerke
u

FOTO OPTIK
HUNDERTWASSER
in der Lutherstadt Wittenberg
MARTIN-LUTHER-GYMNASIUM
WITTENBERG
WB HW 1

Feiern zum zehnten Jahrestag des Mauerfalls in Berlin

1997 in Wittenberg: der „Hundertwasser-Trabi“ eines Vereins soll Spenden für den Umbau einer Schule sammeln

Beim internationalem Trabi-Treffen in Anklam 2005

Mit dem Trabant übers Wasser. Rostgefahr besteht nicht

Ein Unikat: Trabant auf Schienen, gebaut in Rumänien

VORW
UN
NIC
VER

RTS
SEN

Anderthalb Trabants

DDR
Trabant

ZU VERMIETEN
WB NR 61

Urlaubsvergnügen: Mit dem Cabrio durch Usedom

Ein zum Golfcart umgebauter Trabant. Bisher wurden nur Mercedes, Chevrolet und andere Luxusmarken zu diesem Zweck in Elektroautos umgebaut

Bulgarisches Sondermodell mit 1 PS

SAW·MF 81
4988 WC 21
Gartenstraße

DDR

Bei Regen
Überflutungsgefahr

Werbung einer Fahrschule bei Freiberg

Seite 110: Kein Unfall, sondern eine Installation in Sachsen-Anhalt

Werbung für eine Autowerkstatt in Luckenwalde

Seite 114: Trabihenge: Studenten der Fachhochschule Potsdam haben bei Beelitz das englische Monument Stonehenge mit Trabis nachgebaut

Für den Moment: beim Schneeskulpturenwettbewerb im Erzgebirge, 2005

Die Skulptur „Quo Vadis“ in Prag am 10.07.1990, ein goldfarbener Trabbi auf Beinen des tschechoslowakischen Künstlers David Cerny

Groß genug für eine Storchenfamilie: Ein Trabant über Neuruppin

Als Wasserfahrzeug beim Waschzuberrennen in Warnemünde

Zwei Amphibienfahrzeuge beim Stuttgarter Festival „Theater der Welt“ 2005

Der Volkswagen des Westens neben dem Volkswagen des Ostens

Fußballfans aus den Niederlanden sind zur WM 2006 mit ihrem Trabi angereist – natürlich in Orange

Seite 24: Zwillingstrabi mit zwei Motoren beim X. internationalen Trabantfahrer-Treffen in Zwickau 2003

HOLLAND
HOLLAND
Bavaria
DE WESTLANDSE
22-YB-60

Trabant
1957 - 1991
SI 3

Ein zum „Panzer“ umgebauter Trabant vom Aktionskünstler Rolf Becker und der Künstlerin Judith Reccarda

Bei der Trabi-Rallye durch Sachsen, Thüringen und Sachsen-Anhalt: die Trabi-Frisur

Stretch-Trabi vor dem Berliner Reichstag

Nicht ganz geschmackssicher:
Diktatur als Deko

MOL EE 37

Fahrende Grünanlage beim 7. internationalen Trabantfahrertreffen in Zwickau 2000

„Ossi-Flower-Power“

Seite 132:
Mit Klebstoff und Schere
ist einiges möglich:
Ein Wohnmobil Marke
Eigenbau

Trabicamp 601
Die neue

Lindner Reisemobile • Chemnitz
Trabicamp 601

Es geht noch kleiner: dieses Modell ist nur 1,35 m lang

Das Dachzelt, auch
„Sachsenlaube“ genannt

COMPANY

007
TEXAS
SHERIFF
LSZ-K363
FLORIANS
LORIAN-601
finnland
Bad Langensalza
sauna
... ohne Strom geht nich

Kuriosität im Trabant-
Museum im thüringischen
Weberstedt

Ungarischer Ingenieur konstruiert Super-Trabi: mit zwei Honda-Motoren bringt es dieses Sondermodell auf 424 PS und eine Spitzengeschwindigkeit von 220 km/h

B AC 601

Der Getränkemarkt
REWE
DAMIT SIE GUT EINKAUFEN
Fenster
SCHÜCO
Vita-Cola
Vita-Cola
Vita-Cola

Werbe-Trabbi in Arnstadt
für die traditionelle
Ostmarke Vita Cola

Trabbi-Abgase in Dosen. Der Internet-Laden Osthits.de verkauft den Duft – oder Gestank – des Trabant mit Zweitaktmotor

ANB 6-06

QUELLEN

Teils ausführliche, teils knappe Darstellungen der Entwicklungsgeschichte und Produktionszahlen findet man unter: www.trabi-web.de, www.viertakttrabant.de, www.ifa-trabant.de, www.pommerngreif.de, www.trabiseite.de. Zeitgenössische Werbung und Prospekte zum Trabant auf
http://home.eunet.cz/vla/Trabi/TrabiDE/trabbi/trabbi.html
und zum Wartburg auf http://www.die-besten.de/wartburg/homepage800x600.htm.

Eine ausführliche Darstellung der Geschäftsbeziehung zwischen der DDR und VW ist nachzulesen unter:
Bernd F. Schulte, „Volkswagen: Griff nach der DDR. Die Umsetzung des „Volkswagen Plan“, 1976–1990.“, auf http://www.forumfilm.de/volkswagen/artikel.html.

Weitere Informationen zur Geschichte bietet auch
Peter Kirchberg und Michael Krone, „Dixi - Horch - Trabant & Co.“ In
‚Schrader Motor-Album' Schrader Verlag, 1990.